Quod erat
demonstrandum

von

Robert
Biedermann

„Ich habe nie etwas 'Nützliches' gemacht. Keine Entdeckung von mir hat je oder wird wahrscheinlich je, direkt oder indirekt, zum Guten oder Bösen einen Unterschied zum Wohlergehen der Welt machen."

(G. H. Hardy, A Mathematician's Apology)

Kapitel 1

Er sah mich mit diesen hellen blauen Augen an, die bei dem leisen spöttischen Lächeln, das er auf den Lippen trug, nicht mitspielten. „Sie haben den Schlüssel und Sie kennen die Tür", sagte er so leise, dass es die Umstehenden nicht hören konnten, die an uns vorbei zur nächsten Veranstaltung eilten.

„Sie brauchen aber jemanden, der die Tür öffnen kann. Ich kann es. Hinter der Tür liegt eine Million Dollar; zwei Drittel davon halte ich für einen angemessenen Anteil. Eigentlich sind meine Dienste ja unbezahlbar." Ich weiß nicht, wie sich mein Gesichtsausdruck veränderte, aber er musste ihn amüsiert haben, denn seine Augen wirkten nun ebenfalls leicht belustigt.

„Wie bitte? Wovon reden Sie denn überhaupt? Was soll das? Sehen Sie nicht, dass ich zu tun habe?", versuchte ich halbherzig die Flucht zu ergreifen, doch sein Lächeln und seine Augen ließen mich nicht gehen. „Ich bin Mathematiker. Ich kann logisch denken", flüsterte er trotz des Stimmengewirrs um uns. „Aber es hätte schon gereicht, wenn man eins und eins zusammenzählen kann." Er schüttelte den Kopf. „Und denken Sie nicht mal dran, meinen Anteil auf die Hälfte drücken zu wollen. Meine Forderung ist - wie sagt man? - unverhandelbar." Dann drehte er sich nach einer angedeuteten Verbeugung um und betrat den Hörsaal. Ich blieb noch einige Sekunden draußen stehen, um ein wenig nachzudenken, und öffnete dann die Tür.

Wie immer war der Saal nur zu einem guten Viertel gefüllt und die Lautstärke ebbte nicht einmal ab, als ich den Raum betrat; das Desinteresse der Studenten war schier zum Greifen. Wen interessierte denn auch das Thema „Beweismethoden und -strukturen in Euklids Schriften" wirklich? Die meisten saßen eine Pflichtveranstaltung ab und der Rest begleitete sie aus welchen Gründen auch immer. Ich schaltete mein ActiveBoard ein und begann mit meinen Ausführungen. Ein paar besonders Eifrige machten sich anfangs noch Notizen, glitten aber nach ein paar Minuten in den Stand-by-Modus hinüber, den die meisten anderen gar nicht verlassen oder alternativ durch den Game-Modus ersetzt hatten. Ich tat so, als würde ich es nicht bemerken, und gab wie immer mein Bestes. Die unendliche Schönheit der Beweisführungen, ihre geniale Einfachheit und göttliche Klarheit blieben den Anwesenden gleichwohl verschlossen und würden es auch immer bleiben.

Die einzige Ausnahme war er. Sein Blick war wach, seine Augen verfolgten jede meiner

Bewegungen und ab und zu glaubte ich auch ein leises Nicken zu bemerken. Er hatte noch bei keiner Veranstaltung gefehlt, war stets pünktlich dagewesen und saß immer in der ersten Reihe. Notizen machte er sich nicht; das hatte er nicht nötig, schließlich galt er als der unangefochtene Star unter den Studenten hier am Mathematischen Institut.

Und so war es nicht verwunderlich, dass er am Ende meines Vortrags als einziger eine Frage stellte. „Sie haben jetzt die Struktur eines Beweises von Euklid analysiert. Wie sehen Sie die Möglichkeit, diese Struktur auch in den Beweisen anderer mathematischer Probleme zu entdecken? Nehmen wir doch einfach einmal die 'Riemannsche Vermutung'!"

Er wusste es. Er wusste, worum es bei der Million Dollar ging. Er kannte auch genau das Hindernis, das sich davor aufbaute. So fiel meine Antwort auf seine Frage zwar unbefriedigend und ausweichend aus - er wisse sicherlich selbst, dass es für dieses Problem noch gar keinen Beweis und deshalb auch keine Struktur gebe; außerdem könne man die „Riemannsche Vermutung" keineswegs mit den Aufgabenstellungen des Euklid vergleichen -, aber er hatte mir damit klargemacht: Wir beide wussten nun voneinander, wussten, dass wir aufeinander angewiesen waren, und würden zusammenarbeiten müssen.

Alle Studenten bis auf ihn hatten den Hörsaal verlassen. Ich trat auf ihn zu. „Wir sollten uns einmal unterhalten", schlug ich vor. „Kommen Sie doch bitte in meine Sprechstunde!"

Ein leichtes Kopfschütteln: „Nein. Wir sind Partner auf Augenhöhe. Wir treffen uns, und zwar hier." Er reichte mir einen zusammengefalteten Zettel und ging davon. Mir war noch nicht klar, wie viel er wirklich von der ganzen Angelegenheit herausgebracht hatte, doch was immer es war, ich wusste, er hatte sich in einem Punkt getäuscht: Ich würde seinen Anteil nicht auf die Hälfte drücken, sondern auf Null.

Kapitel 2

Angefangen hatte alles damit, dass mein Großvater sich ärgerte. Er war ein ruhiger, eher introvertierter alter Herr gewesen, der sich nach seiner aktiven Zeit – wie mein Vater war er Mathematiklehrer – nicht nur weiter für sein Fach interessierte, sondern sich – besonders nach dem Tod meiner Großmutter - intensiv mit Ahnenforschung zu beschäftigen begann. „Briefmarken sammeln alle, weil sie Feiglinge sind. Ahnenforschung ist nur etwas für Mutige, die ihrer Vergangenheit und der ihrer Vorfahren ins Auge schauen können", pflegte er zu sagen. Mit anderen Mutigen tauschte er sich sogar im Internet regelmäßig aus und hatte sich auch dadurch weit in die Verästelungen des Stammbaums unserer Familie hineingearbeitet. Ich besuchte ihn unregelmäßig, aber unser Verhältnis war sehr gut, und so überraschte mich zwar der Grad seiner Aufregung, nicht aber die Tatsache, dass er mir den Grund sogleich mitteilte.

Vielleicht können Sie sich daran erinnern, dass 1986 ein Kunstwerk von Joseph Beuys, die so genannte „Fettecke", die aus ca. 5 Kilogramm Butter bestand, vom Reinigungspersonal für Abfall gehalten und entsorgt worden war. Ich hatte mich damals darüber beinahe totgelacht, nicht nur, weil ich mit der Kunst von Beuys recht wenig anfangen konnte, sondern weil ich mir den Gesichtsausdruck der Verantwortlichen vorstellte, als sie von dem wahrhaft barbarischen Vorfall erfuhren.

Als mir mein Großvater damals das Buch gab – ich kannte es bereits: Es handelte populärwissenschaftlich von den Primzahlen, an denen er auch noch mit beinahe 90 Jahren sehr interessiert war - und mir die Stelle zeigte, reagierte ich ähnlich: Der Autor erzählte, dass die unveröffentlichten Notizen Bernhard Riemanns, eines der größten Mathematikers des 19. Jahrhunderts, nach seinem Tod von seiner Haushälterin einfach weggeworfen worden seien – ein unersetzlicher Verlust für die Wissenschaft und für mich erneut Grund zum Lachen.

„Du lachst?", fuhr er mich an, sprang auf, nahm mir das Buch aus den Händen und warf es auf den Boden. „Du lachst also auch? Die ganze Welt lacht schon über diese dämliche Frau, und jetzt auch noch Du?"

Ich war erschrocken über seinen völlig unerwarteten Gefühlsausbruch und erwiderte verunsichert: „Na ja, sehr intelligent ist das nun wirklich nicht gewesen!"

Mein Großvater sah mir in die Augen: „Hör mir zu, Adriana!" Wenn er meinen Namen vollständig aussprach und nicht eine der albernen Kurzformen benutzte, wusste ich, dass es um etwas Ernstes ging. „Ich habe diese Frau sehr gut gekannt. Sie ist der zuverlässigste Mensch gewesen, den man sich nur vorstellen kann: Sie war meine Urgroßmutter. Und ich bin mir völlig sicher, dass sie diese Notizen niemals, auf gar keinen Fall vernichtet hat!"

Ich war sprachlos; er setzte sich wieder und begann, mir etwas über die verworrene Geschichte meiner Familie zu berichten.

„Die Haushälterin, um die es geht, hat Friederike geheißen. Sie ist ungefähr 20 Jahre alt gewesen, als sie die Stellung bei Riemann angetreten hat. Seine Schwestern haben bei ihm gewohnt und sie schikaniert, wo es nur gegangen ist. Aber ihn hat sie angehimmelt. Sie hat uns oft von ihm erzählt, seiner feinen Art, seiner Höflichkeit ihr gegenüber - er ist halt so ganz anders gewesen als seine Schwestern. Riemann muss aber damals schon krank gewesen sein und ist ein paar Jahre später in Italien gestorben. Friederike hat daraufhin gekündigt und ist – pass gut auf! - ebenfalls nach Italien gezogen, und zwar an den Ort, an dem Riemann begraben worden war."

Ich lächelte: „Dann war's wohl wirklich die Liebe ihres Lebens!"

„Ja und nein!", fuhr mein Großvater fort. „Sie hat

dann dort geheiratet und drei Kinder bekommen. Diese Zeit in Italien hat sie immer die glücklichste in ihrem Leben genannt, doch leider hat sich dann alles anders entwickelt."

Er seufzte nachdenklich, machte eine Pause und ich wagte es nicht, ihn zu stören.

„Im Ersten Weltkrieg ist ihr Mann gefallen; die beiden Töchter sind gestorben. Sie hat sogar aus Italien fliehen müssen. Sie ist ja eine Deutsche gewesen und das hat man dann auf ihre Familie übertragen und sie alle angefeindet. Mit ihrem Sohn, ihrer Schwiegertochter und ihrem Enkel ist sie hinüber in die Schweiz, ins Tessin, nach Arosio. Da bin dann auch ich geboren worden, gleich nach dem Ende des Krieges, und des Rest kennst Du ja: Dass ich mit viel Glück den nächsten Krieg überlebt habe und danach zurück bin nach Deutschland."

Er schwieg eine Weile. Nur das Ticken der Wanduhr war zu hören. Was mochte ihm jetzt durch den Kopf gehen? Sein eigenes Schicksal? Der Krieg? Ich sollte es nie erfahren.

„Ich habe dir das alles erzählt", fuhr er dann fort, „damit du verstehst, warum ich mich so geärgert habe: Im Unterschied zu diesem, diesem ...naja, Autor habe ich Friederike gekannt. Sie ist wirklich der Inbegriff von Zuverlässigkeit gewesen. Und den Nachlass von Riemann hat sie bestimmt nicht weggeworfen – dazu wäre sie einfach nicht fähig gewesen! Sie hat es nicht verdient, dass sich alle über sie lustig machen."

„Das habe ich doch nicht gewusst, nicht einmal geahnt!", glaubte ich mich zu rechtfertigen zu müssen, doch sein Zorn war inzwischen verraucht. Die Erinnerungen hatten seine Gedanken wohl in andere Bahnen gelenkt. Wir verabschiedeten uns kurz darauf und ich sah ihn danach nie mehr wieder.

Zuhause angekommen, machte ich mich an die Arbeit – schließlich mussten die Arbeiten des hoffnungsvollen akademischen Nachwuchses korrigiert werden -, doch ein Gedanke ging mir durch den Kopf und ließ mir keine rechte Ruhe: Wenn Friederike, meine Urururgroßmutter, Riemanns Nachlass nicht weggeworfen hatte, wo war er dann?

Kapitel 3

Sie werden fragen, was das Ganze eigentlich soll. Natürlich mag es unangenehm sein, wenn ein Vorfahre zur Lachnummer wird, aber die Geschichte ist ja nun wirklich lange her – warum die Aufregung jetzt auch bei mir?

Ich muss für eine Antwort ein wenig ausholen: Ich bin Professorin an der hiesigen Mathematischen Fakultät, genauer Professorin für die Geschichte der Mathematik. Mich nehmen deshalb leider weder die Historiker ganz ernst noch die Mathematiker: Wäre ich für sie alle ein Tier, so wäre ich wahrscheinlich eine Kröte: Man weiß, dass man sie irgendwie braucht, sie tut auch niemandem etwas zuleide, aber man geht ihr am besten aus dem Weg. Dennoch hielt ich es – unabhängig von meiner familiären Verstrickung mit der Angelegenheit - für meine Pflicht als Wissenschaftlerin, der Frage nachzugehen, wo sich der Nachlass eines der bedeutendsten Gelehrten seiner Zeit heute wohl befand. Dies war allerdings nicht das einzige Motiv.

Riemanns Name wäre heute wohl nur wenigen Spezialisten bekannt, hätte er nicht im Jahre 1860 eine Abhandlung mit dem Titel *„Über die*

Anzahl der Primzahlen unter einer gegebenen Größe" veröffentlicht. In dieser Schrift – sie umfasst nur 10 Seiten - äußert er eine Vermutung über die Eigenschaften einer von ihm entdeckten Funktion, der so genannten Zeta-Funktion. Ich möchte Sie nicht mit mathematischen Formeln langweilen und will so ehrlich sein zu gestehen, dass ich das Problem auch nicht bis ins letzte Detail verstehe; insofern muss ich meinen Kollegen in der Fakultät durchaus Recht geben, wenn sie mich nicht ganz für voll nehmen.

Das Faszinierende an Riemanns Vermutung ist nun aber nicht alleine ihre mathematische Bedeutung, sondern auch ein scheinbar unbedeutende Nebensatz im Text: Riemann schreibt dort *„[…] und es ist sehr wahrscheinlich, daß alle Wurzeln reell sind. Hievon wäre allerdings ein strenger Beweis zu wünschen; ich habe indeß die Aufsuchung desselben, nach einigen flüchtigen vergeblichen Versuchen vorläufig bei Seite gelassen, da er für den nächsten Zweck meiner Untersuchung entbehrlich schien."*

Sie werden jetzt kaum mehr davon überrascht sein, dass sich seitdem alle Mathematiker der Welt darum bemühen, den von Riemann angedeuteten Beweis zu erbringen. Bis heute hat dies trotz einiger Fortschritte noch niemand geschafft, und so gehört die „Riemannsche Vermutung" zu den größten noch ungelösten

Rätseln der Menschheit. Nessie ist daneben ein Nichts.

Gut, werden Sie sagen, klingt interessant, aber was hat man denn davon, wenn man beweist, dass alle nichttrivialen Nullstellen dieser komplexwertigen Funktion den Realteil ½ besitzen – in dieser Fassung wird die Vermutung ja meist zitiert? Gar nichts, und genau das ist das Entscheidende: Man hat gar nichts davon. Natürlich wären damit auch alle anderen mathematischen Probleme, deren „Beweise" sich auf die – unbewiesene! - Richtigkeit der Vermutung stützen, mit einem Schlag ebenfalls gelöst, aber davon hätten Sie auch wieder nichts. Die Lösung dieses Rätsels hat eben keinen unmittelbaren praktischen Nutzen, sie dient letztlich nur einem Zweck: dem Erkenntnisgewinn der Menschheit. Sie trägt dazu bei, dass der Mensch der wahren Wirklichkeit ein Stück näher kommt. Der Beweis würde uns zeigen, dass der Mensch zu mehr fähig ist als zur Zerstörung seines Lebensraums oder der Führung sinnloser Kriege – wir könnten wieder stolz auf uns sein.

Und wenn Sie dieses Argument nicht recht zu überzeugen vermag, dann können Sie vielleicht das folgende eher akzeptieren: Demjenigen, der den Beweis der „Riemannschen Vermutung" erbringt, winkt ein Preisgeld von einer Million US-Dollar. Also beschloss ich aus den genannten Gründen, mich auf die Suche nach dem Nachlass von Bernhard Riemann zu machen.

Kapitel 4

Das war vor zwei Jahren gewesen. Heute stand ich hinter einer Säule und wartete. Ich war nicht sehr erstaunt, als ich auf dem Zettel gelesen hatte, wo er mich treffen wollte, denn der Ort war eines Gesprächs unter Mathematikern wahrlich würdig: Überall konnte man auf der Fassade des altehrwürdigen Rathauses den Goldenen Schnitt entdecken, überall herrschte strenge Symmetrie, überall Harmonie.

Ich war schon etwas vor dem genannten Zeitpunkt gekommen und so konnte ich ihn beobachten, wie er auf einer Bank Platz nahm. Um ihn herum hasteten Menschen um ihre Einkäufe zu tätigen oder einen Termin wahrzunehmen. Doch er saß ruhig da und ließ seine Augen ebenfalls über den mächtigen Bau schweifen. Ein paar Minuten wartete ich noch, dann ging ich zu ihm und setzte mich neben ihn. Ich schwieg; sollte er doch anfangen. Schließlich wollte er doch etwas von mir, oder? Allerdings war ich mir dabei nicht so ganz sicher.

„Interessantes Thema heute bei Ihrer Vorlesung. Dass man symmetrische Strukturen in Beweisen finden kann, war mir neu. Finde ich echt faszinierend."

„Wahrscheinlich würden nicht alle Anwesenden Ihre Meinung teilen. Wahrscheinlich würden die meisten 'Symmetrie' auch nur mit einem 'm' schreiben."

Er lächelte und zeigte auf die Fassade. „Wahrscheinlich würden die meisten sich auch nicht hier mit Ihnen treffen."

„Interessante Frage heute nach der Vorlesung", fuhr ich nach einer Weile fort. „Sie hätten sie eigentlich nicht zu stellen brauchen, weil sie die Antwort doch schon gekannt haben.

„Die Antwort", sagte er ruhig, „ist mir auch völlig egal gewesen. Es ging um die Frage. Sie sollten Bescheid wissen."

„Und worüber? Wovon wollen *Sie* eigentlich Bescheid wissen? Die Antwort auf *diese* Frage ist *mir* nicht völlig egal."

Es sah mich von der Seite an.

„Meine Facharbeit. Ich habe sie in Mathe gemacht und zwar über die Verzweigungen von Stammbäumen. Natürlich habe ich auch im Internet recherchiert und dabei in einem Forum einen ehemaligen Mathelehrer getroffen, der mir ein paar Tipps gegeben hat. Ich habe von Ahnenforschung ja eigentlich überhaupt keine Ahnung." Das Wortspiel fiel ihm nicht einmal auf.

„Der Kontakt ist dann nicht abgerissen und er hat mir ab und zu geschrieben und sich erkundigt, wie es mir so geht. Wahrscheinlich ist ihm langweilig gewesen. Aber eines Tages war er sehr wütend und hat mir erzählt, dass Riemanns Haushälterin seine Oma oder so gewesen ist." Er lächelte. „Sie wissen schon: die mit den Notizen. Und dann ist mir sein Name wieder begegnet, als ich mir das Vorlesungsverzeichnis angeschaut habe: Sie heißen ja genauso wie er, und den Namen Cianferaglia trifft man hier nicht so oft.

„Wenn das alles ist, dann vergeuden wir beide hier unsere Zeit. Welche Schlüsse wollen Sie denn aus diesem wirklich sensationellen Zusammenhang ziehen?"

Meine Ironie ließ ihn kalt. „Ich habe Ihnen gesagt, dass man eins und eins zusammenzählen muss. Die zweite Eins ist die Geschichte mit Gauß."

Kapitel 5

Die Geschichte mit Gauß begann für mich im Süden. Wenn Riemanns Nachlass noch existierte und ich ihn finden wollte, müsste ich mir zunächst darüber klar werden, wo ich zu suchen anfangen sollte. Ich war mir sicher, dass Friederike Riemanns Notizen nicht aus der Hand gegeben hätte. Also kamen nur zwei Orte in Frage: Verbania, wohin sie nach Riemanns Tod gegangen, und Arosio, wo sie gestorben war. Ich entschied mich dafür, in Italien zu beginnen.

Verbania ist eine Kleinstadt im Piemont, wunderschön am Lago Maggiore gelegen. Unter den zahlreichen Touristen fiel ich zunächst nicht auf, doch die freundliche Dame im Ufficio Turismo sah mich dann doch ein wenig entgeistert an, als ich sie nach einem Stadtarchiv oder etwas Ähnlichem fragte. Sie schüttelte den Kopf, doch nach kurzem Nachdenken empfahl sie mir das Museo del Paesaggio; wenn überhaupt, dann sollte sich dort eine vergleichbare Einrichtung befinden. Leider war es an diesem Tag schon zu spät für einen Besuch, und so unternahm ich einen Spaziergang zu einem Ort, der für mich beinahe ebenso wichtig war, den Friedhof von Biganzolo. Das Grab Riemanns existierte zwar nicht mehr, aber es rührte mich zu Tränen, seinen Grabstein zu sehen und die Inschrift darauf zu lesen „Denen die Gott lieben muessen alle Dinge zum Besten dienen."

Am nächsten Vormittag betrat ich das Museum, den Palazzo Viani. Mein Italienisch ist nicht mehr als passabel – mein Großvater hatte versucht, es mir beizubringen, doch bald resigniert aufgegeben – und so konnte ich mich nur mühsam durchfragen bis zu einem kleinen Nebenraum, in dem ein älterer Herr hinter einem Schreibtisch, der über und über mit allem Möglichen bedeckt war, vor einer Zeitung saß und mich fragend ansah. In dem Raum herrschte das völlige Chaos, doch er schien sich daran nicht zu stören. Es stellte sich heraus, dass er ein ehemaliger Lateinlehrer am Liceo Classico war, und es gelang mir, ihm in meinem lückenhaften Italienisch unter Zuhilfenahme des Lateinischen zu erklären, wonach ich suchte: nach Unterlagen, die eine gebürtige Deutsche vor ungefähr einhundert Jahren hier zurückgelassen haben könnte.

„*Dio mio*," erwiderte er und blickte mich ungläubig an. Dann erhob er sich leise ächzend und bedeutete mir ihm zu folgen. Wir verließen den Raum, wandten uns nach links und gelangten zu einer Treppe, die wir hinabstiegen. Vor einer Tür blieb er stehen und schloss sie auf. „*Eccolo*", sagte er und machte Licht. Wir standen in einem Kellerraum, in dem sich an drei Wänden Regale befanden, die zum Bersten mit alten Büchern, Folianten und allen sonst nur vorstellbaren Materialien, die man beschreiben konnte, vollgestopft waren und sich unter ihrem Gewicht bogen.

Mit einer vagen Handbewegung beschrieb er mir, wo ich suchen sollte, und ließ mich allein, nicht ohne mir auf Latein viel Erfolg gewünscht zu haben: „*Bene eveniat!*". Ich fing an. Nach ungefähr einer Stunde gab ich auf. Ich hatte alte Schulbücher gefunden, Kinderbücher und Romane, dicke Wälzer mit Zeichnungen von Vögeln und Landschaftsansichten, aber keine Spur von Riemanns Notizen. Ich ging nach oben, verabschiedete mich betrübt von dem netten älteren Herrn und sagte, ich würde es morgen nochmals versuchen. Den Rest des Tages verbrachte ich lustlos in meinem Hotelzimmer, nicht einmal der Lago Maggiore und das herrliche Wetter lockten mich.

Ohne rechte Überzeugung machte ich mich am nächsten Tag auf den Weg zum Palazzo; wahrscheinlich hätte ich besser zuerst nach Arosio fahren oder – noch besser - die ganze Sache gleich bleiben lassen sollen. Ich fand den Weg durch das Labyrinth von selbst und betrat das Reich des alten Lehrers. Er war nicht da; so wartete ich einige Zeit und sah mich ein wenig um: Die Unordnung war wirklich sensationell. Dann hörte ich seine Schritte und wandte mich ihm zu. Er begrüßte mich gutgelaunt mit einem strahlenden Lächeln, das ich ein wenig gedämpft erwiderte.

Als ich das Zimmer verlassen wollte, um zu dem Kellerraum zu gelangen, hielt er mich zurück. „*No, no*", rief er und deutete auf seinen Schreibtisch. Dort lag eine Ledermappe, die mit einem verblichenen Band zusammengehalten wurde. Sie war mir bereits zuvor wegen ihres schlechten Zustands aufgefallen, doch ich hatte sie nicht weiter beachtet. Vorsichtig öffnete der Mann das Band und klappte die Mappe auf: Darin lagen einige Papiere – Riemanns Notizen. Der ehemalige Lehrer hatte meine Enttäuschung gespürt, mit mir Mitleid bekommen, sich am Abend selbst auf die Suche gemacht - und sie gefunden. „*Chi cerca trova*", sagte er mit einem verschwörerischen Blinzeln – Wer suchet, der findet!. „*Bene evēnit*!" - Glück gehabt! Ich fiel ihm voll Erleichterung um den Hals.

Kapitel 6

Er räumte seinen Schreibtisch frei, sodass ich die Papiere ausbreiten konnte, und verließ den Raum. Ich setzte mich auf seinen Stuhl und warf einen ersten Blick auf die eng beschriebenen Seiten: mathematische Symbole, Graphen, einzelne Worte.und Sätze Wo sollte ich denn hier bitte anfangen? Mein unentbehrlicher Helfer kehrte mit einigen Blatt Papier und Stiften zurück und wir einigten uns darauf, dass ich in seinem Zimmer, solange ich wolle, arbeiten dürfe. Er werde währenddessen einen caffè trinken gehen.

Es waren insgesamt 17 Blätter. Sie waren mit einem völlig chaotischen Wirrwarr an Zeichen bedeckt. Seufzend nahm ich mir das erste Blatt vor und begann zu lesen; ich wusste nicht genau, wonach ich suchte, aber einfach nur die Blätter anzustarren schien mir noch weniger hilfreich zu sein. Ich machte mir ein paar Notizen, malte einige Symbole ab, übertrug einen Graphen und hörte dann auf; es war völlig sinnlos. Wenn ich wirklich etwas erreichen wollte, brauchte ich Zeit, viel Zeit, und die hatte ich hier nicht. Immerhin war wenigstens der Ruf Friederikes gerettet, wenn auch mein Großvater dies nicht mehr erfahren würde. So begann ich die Blätter wieder in die schon brüchig gewordene Ledermappe zurückzulegen, doch dann hielt ich inne.

Natürlich war es Unrecht, diese Blätter in meiner Tasche verschwinden zu lassen. Das weiß ich und es tut mir wirklich Leid. Aber ich war mir sicher, dass sie mir den Schlüssel zur Lösung in die Hand geben würden, und ich wollte diesen Schlüssel besitzen. Ich sah mich auf dem Schreibtisch um, zog einen in Aussehen, Größe und Anzahl vergleichbaren Packen Papiere unter vielen anderen Heften, Büchern und Zetteln hervor, legte ihn in die Mappe und verknotete das verblichene Band wieder; irgendjemand würde irgendwann einmal auf die gleiche Spur kommen und den Knoten erneut lösen. Er würde, wenn mich meine Augen und mein Italienisch nicht getäuscht hatten, eine Sammlung von Backrezepten finden. Ob der freundliche ältere Herr dann noch in seinem kleinen Zimmer sitzen würde, wusste ich nicht, aber ich wünschte ihm beim Abschied alles erdenklich Gute; mein schlechtes Gewissen beruhigte das freilich nicht.

In meinem Hotelzimmer machte ich mich sofort an die Arbeit. Alle Blätter waren vergilbt, etwas brüchig und mit allerlei rätselhaften Zeichen bedeckt, aber drei Seiten waren mit dicken, energisch geführten Strichen durchgestrichen. Nur auf einer, wohl der letzten, stand etwas klar und deutlich zu lesen: BEF7703951. Diese Zeichenfolge war sogar nicht durch-, sondern doppelt unterstrichen. Leider konnte ich mit ihr überhaupt nichts anfangen.

Kapitel 7

Sie kennen das Gefühl, wenn Sie nach dem Namen eines Bekannten suchen und er Ihnen nicht einfällt? Es ist zum Verrücktwerden. Genauso erging es mir mit Riemanns Code. Mir war klar, dass es sich um einen solchen handeln musste, dass er irgendeine Botschaft verschlüsselt hatte. Ich war auch recht bald – gut, ich gebe zu, so bald auch wieder nicht, aber immerhin noch in derselben Nacht ... - auf die Bedeutung der drei Buchstaben gestoßen.

Es handelte sich, fachmännisch ausgedrückt, um einen „einfachen Caesar", um dieselbe Verschlüsselungsmethode, die in Stanley Kubricks Film „*2001: A Space Odyssey* " eingesetzt wird. Dort entsteht HAL, der Name eines Computers, aus der Buchstabenfolge IBM: Der zu verschlüsselnde Buchstaben wird durch den im Alphabet jeweils vorhergehenden ersetzt – aus I wird H, aus B wird A und aus M entsteht L. So wurde aus „BEF" die Folge „CFG", und dies waren die mir schon aus beruflichen Gründen durchaus bekannten Initialen von *Carl Friedrich Gauß*. Ich war äußerst stolz auf meine Entdeckung, aber leider steckte ich danach fest: Ich kam keinen Schritt weiter, obwohl ich alle meine – auch hier muss ich zugeben: bescheidenen – kryptographischen Kenntnisse anwandte.

Vermutlich greifen Sie in solchen Fällen zum gleichen Mittel wie ich: Sie denken nicht weiter darüber nach und setzen darauf, dass Ihnen der Name irgendwann einfach so einfällt – sehr unwissenschaftlich, aber oft erfolgreich. Ich checkte also aus und fuhr zurück nach Hause, aber natürlich dachte ich an nichts anderes. Genauso natürlich, dass ich auf diesem Weg das Rätsel nicht löste.

Der Zufall kam mir zu Hilfe. Eines Tages las ich einen Artikel über die NSA und die Mathematik in dem von ihr betriebenen Spionagenetz Echelon – nichts Dramatisches, aber ein schlampig lektorierter Artikel, der eine Unmenge Druckfehler enthielt. So war an einer Stelle nicht von NSA die Rede, sondern von RSA – und da machte es Klick.

Es ist durchaus verständlich, dass das RSA dem Lektor nicht aufgefallen war, denn es ist ein sinnvoller Druckfehler: Das „RSA-System" ist nämlich ein kryptographisches Verfahren, das mit einer besonderen mathematischen Eigenschaft der natürlichen Zahlen arbeitet: Jede natürliche Zahl ist, soweit sie nicht selbst eine Primzahl ist, das Produkt mindestens zweier Primzahlen. Versuchen Sie jetzt bitte nicht, ein Gegenbeispiel zu finden: Die Richtigkeit dieses Satzes ist bereits bewiesen.

In dem Verfahren multipliziert man also, vereinfacht gesagt, zwei relativ große Primzahlen und erhält eine riesige Zahl als Produkt. Die beiden Primzahlen, die der Verschlüsselung zugrunde liegen, kann man jetzt im besten Fall nur noch herausfinden, wenn man ungeheuren Rechenaufwand betreibt – und der lohnt sich meistens eigentlich nicht. Die Verschlüsselung ist also quasi perfekt.

Es machte also Klick. In fieberhafter Eile nahm ich meinen Taschenrechner, tippte wie eine Besessene darauf herum - und hatte die Lösung gefunden. Ich hatte Riemanns Code geknackt. Im Rückblick betrachtet wirkt alles so einfach, dass man sich nur noch wundert, wieso man nicht sofort dahintergekommen ist.

Heute würde ich Riemanns Zahlen für eine Telefonnummer oder GPS-Daten halten. Zu Riemanns Zeiten aber konnte es sich bei den sieben Ziffern eigentlich nur um ein Kalenderdatum handeln, das sich in Tag, Monat und Jahr gliedert. Allerdings ergeben die Ziffern auch so keinen Sinn; offenbar musste man sie noch manipulieren. Der Klick bei der Erwähnung von RSA war, dass mir plötzlich bewusst wurde, dass es sich hier um den einen Primfaktor der verschlüsselten Zahl handeln musste. Wenn man den anderen gefunden hatte, stand die gesuchte Zahl vor einem.

Ich fing einfach mit der ersten Primzahl, der 2, an. Mit Riemanns Zahl multipliziert ergab sich die Lösung 15407902 – nicht wirklich ein Datum. Die nächste Primzahl war die 3, und bei dieser Multiplikation kam 23111853 heraus: 23. November 1853. Ich hatte keine Ahnung, was dieser Tag mit Gauß zu tun hatte, aber ich würde es schon herausfinden. Ich würde dann auch die Frage beantwortet haben, die mir noch wichtiger schien: Welches Geheimnis war für Riemann so wichtig, dass er es vor den Augen anderer zu verbergen suchte?

Kapitel 8

Er sah mich an, und ich glaubte, so etwas wie Bewunderung in seinem Blick zu lesen. Während meiner Erzählung, nach der er jetzt bis auf wenige Einzelheiten (z. B. den, naja, Diebstahl der Notizen ...) die ganze Geschichte kannte, hatte er geschwiegen.

„Cool", sagte er. „Hätte ich Ihnen gar nicht zugetraut. Echt cool. Jetzt ist mir auch klar, warum Sie so *plötzlich* verschwunden waren."

„Verschwunden" war ich, weil mir die Sache über den Kopf zu wachsen begann. Meine Lehrveranstaltungen, die ständigen Korrekturen und der Verwaltungskram ließen mir keine Zeit mehr für das, was mich eigentlich interessierte. Ich hatte, wie man so sagt, Blut geleckt.

Wenn ich das Rätsel vollständig lösen wollte, musste ich mich eingehender mit der Biographie von Gauß, vor allem dem Ende des Jahres 1853, befassen. Mir war bekannt, dass er ein pedantischer Tagebuchschreiber war, und diese Eigenschaft wollte ich nutzen. Dafür musste mich aber zunächst von dem ganzen hinderlichen Alltagskram befreien. Also beantragte ich ein Forschungssemester.

Ich hatte mir einen Termin beim Dekan der Fakultät geben lassen, denn seine Zustimmung war erforderlich, wenn ich mein Ziel erreichen wollte. Ich hatte geklopft, war nach seiner Aufforderung eingetreten und hatte Platz genommen. Mein Antrag war bereits vor ihm auf seinem Schreibtisch gelegen, auf dem ansonsten gähnende Leere herrschte. Sein Arbeitszimmer war insgesamt so ordentlich aufgeräumt wie die Menge der natürlichen Zahlen.

„So", hatte er gesagt „ein Forschungssemester also." Ich hatte förmlich gesehen, wie in seinem Schädel, der von einer Mähne des Einstein-Typus umgeben war, die Frage „Was gibt's denn bei Ihnen noch zu erforschen?" Gestalt annahm. Er hatte sie in einem Anflug unerwarteter Höflichkeit dann doch etwas anders gestellt: „Was wollen Sie denn … erforschen?"

Ich hatte versucht, ruhig zu bleiben, und ihm erklärt, dass noch nicht alle Tagebücher von Carl Friedrich Gauß veröffentlicht seien und vermutlich ungeahnte Schätze in ihnen schlummerten. „So", hatte er wiederholt, „Gauß. Aha."

„Ja", hatte ich erwidert, „Gauß. Einer der größten Mathematiker aller Zeiten. Und ich halte es für unsere Pflicht, seine Erkenntnisse allen zugänglich zu machen, sogar den Ignoranten und Rechenknechten unserer Zeit. Ich bitte Sie also darum, mir diese Forschungstätigkeit zu ermöglichen."

„Sie meinen, zum Ruhme der Mathematik und zum Wohle der Menschheit, nicht wahr?" Er hatte mich angelächelt, ein wenig von oben herab, wie man eben jemanden anlächelt, über dessen geistige Gesundheit man sich Sorgen zu machen beginnt, aber doch auch ein wenig respektvoll. So hatten die Germanen vermutlich die christlichen Missionare angeschaut, bevor sie sie erschlugen. Ich werde Ihren Antrag weiterleiten. Sie hören dann von mir." Er hatte zum Fenster hinausgeblickt. „Gauß. Ja, natürlich. Gauß und die Tagebücher." Ich hatte mich verabschiedet und war gegangen.

„Als ich dann gehört habe", fuhr er fort , dass Sie über Gauß forschen wollen, ist es nicht mehr schwer gewesen. Sie mussten etwas entdeckt haben, was Riemann und Gauß verbindet und zugleich den Aufwand eines ganzen Semesters rechtfertigt. Da gibt es nicht viel. Außerdem sind eine Million Dollar schon ein wirklich starkes Motiv."

„Ja", sagte ich nachdenklich. „Eine Menge Geld. Interessiert es Sie, was ich gefunden habe?"

„Natürlich!"

„Wollen Sie es sehen?"

„Wie bitte? Sie haben …?"

„Ich habe."

Er sprang auf. „Ich glaub's nicht. Krass."

Kapitel 9

In manchen Filmen lässt sich der Bösewicht unbemerkt nachts im Museum einschließen, führt den geplanten Kunstraub durch und spaziert am nächsten Morgen unerkannt in der Menge der Besucher hinaus. Wahrscheinlich haben auch Sie zwar die Spannung genossen, aber den Inhalt für reichlich unwahrscheinlich und an den Haaren herbeigezogen gehalten.

Ich war solange Ihrer Ansicht, bis mir genau dieses Unwahrscheinliche passierte: Ich befand mich nachts eingeschlossen in einem Museum und führte den geplanten Raub aus. Nur war mir im Unterschied zu den Filmen noch nicht recht klar, wie ich am nächsten Morgen unbemerkt wieder hinauskommen sollte. Es war mir jedoch ein Leichtes gewesen, mich in diese missliche Situation hineinzumanövrieren.

Nachdem mein Antrag bewilligt worden war, machte ich mich an die Arbeit. Ich wusste, dass der Nachlass von Gauß in der Bibliothek der Georg-August-Universität zu Göttingen aufbewahrt wurde, und begab mich dorthin. Als Professorin, die sich der Gauß-Forschung verschrieben hatte, wurde ich mit offenen Armen empfangen. Man teilte mir einen für mich reservierten Platz im Arbeitsbereich der Bibliothek zu und ich legte los.

Die Tagebücher von Gauß waren erst spät, im Jahre 1898, entdeckt worden. Gauß hatte die Angewohnheit, die Ergebnisse seiner mathematischen Überlegungen erst dann zu veröffentlichen, wenn sie seinen Ansprüchen genügten. Die zugrundeliegenden Gedankengänge skizzierte er zunächst lediglich in seinen Tagebüchern, die sich somit als wahre Fundgrube für die Mathematiker erwiesen – soweit sie ihrerseits veröffentlicht waren. Von den über zwanzig Bänden, die man gefunden hatte, waren längst nicht alle der Öffentlichkeit zugänglich gemacht worden; außerdem ist wohl ein Teil der Tagebücher ohnehin verloren.

Bereits nach kurzer Zeit war mir klar, dass das Tagebuch, in dem die Geschehnisse des Jahres 1853 verzeichnet sein sollten, noch nicht publiziert war. Das Personal der Bibliothek gab mir alle möglichen Hilfestellungen, gewährte mir Zutritt in alle Archive und litt geradezu mit mir, als ich nichts fand, keine Spur, nicht die geringste.

Zwar erarbeitete ich einen kurzen Aufsatz über ein paar Texte von Gauß, um mein Forschungssemester wenigstens ansatzweise zu rechtfertigen, aber was mein eigentliches Anliegen betraf, war ich in eine Sackgasse geraten. In dem kleinen Zimmer, das ich mir für die Dauer meines Aufenthaltes gemietet hatte, fiel mir die Decke auf den Kopf; so entschied ich mich, meine Gedanken bei einem ausgiebigen Spaziergang zu ordnen.

Vorbei an der Paulinerkirche und den prächtigen Fachwerkhäusern der Paulinerstraße führte mich mein Weg Richtung Süden; es war Schnee gefallen, auf der Straße waren kaum Menschen. Ich passierte das Alte Rathaus und gelangte nach wenigen Minuten an eine Kreuzung, wo ich mich nach links wandte. Nach ein paar Schritten stand ich vor der Alten Sternwarte. Dort blieb ich stehen. Mir war ein Gedanke gekommen.

Gauß hatte nicht nur auf dem Gebiet der Mathematik bahnbrechende Erkenntnisse gewonnen, sondern auch in der Landvermessung und der Astronomie; so war die Wiederentdeckung des Kleinplaneten Ceres im Jahre 1801 die Folge seiner Berechnungen. Es mag Sie daher nicht überraschen, wenn ich Ihnen sage, dass Gauß von 1816 bis zu seinem Tod in der Königlichen Sternwarte zu Göttingen gewohnt hatte. So konnte er nachts ohne größere Probleme seine Beobachtungen durchführen. Da meine Arbeit in der Bibliothek zu keinem befriedigenden Ergebnis geführt hatte, sollte ich mein Glück vielleicht einmal hier versuchen; schaden konnte es wohl nicht. Ich sollte mich täuschen.

Kapitel 10

Am darauffolgenden Samstag, einem sonnigen, aber kalten Februartag, schloss ich mich einer Stadtführung an. Die freundliche Stadtführerin teilte den Anwesenden mit, „bei Bedarf" könne man auch die Sternwarte besuchen, und ich meldete diesen Bedarf gleich an. Göttingen ist ein wirklich nettes Städtchen, aber ich konnte es dennoch kaum erwarten, bis wir uns durch alle Kirchen und sonstigen Sehenswürdigkeiten hindurchgearbeitet hatten und vor dem Eingang der Sternwarte standen. Obwohl die anderen Teilnehmer noch ein wenig über meinen „Bedarf"gemurrt und sich nur mit der Aussicht hatten trösten lassen, man könne die Führung auch vorzeitig verlassen, da der Besuch der Sternwarte am Ende liege, waren alle mehr oder weniger frierend mitgegangen.

Wir wandten uns zunächst dem Westflügel zu, wo Gauß gewohnt, gearbeitet und sogar Vorlesungen gehalten hatte. Dann ging es weiter in das ehemalige „Magnetische Observatorium". Als ich durch die Tür trat, tat sich mir das Herz auf: Der Raum wurde als Bibliothek genutzt und war von oben bis unten mit Regalen voller Bücher bedeckt – ein wenig professioneller als der Kellerraum in Verbania.

Während die anderen zunehmend genervt der Stadtführerin zuhörten, betrachtete ich die Rückseiten der Einbände, und als ich mich hinter der Wendeltreppe befand, die in die Galerie hinaufführte, konnte ich nur mit Mühe einen Aufschrei unterdrücken: Hier standen Originalausgaben der Werke von Gauß! Ich sah seine Doktorarbeit („ *Demonstratio nova theorematis omnem functionem algebraicam rationalem integram unius variabilis in factores reales primi vel secundi gradus resolvi posse*"), die beiden Teile der „ *Theoria combinationis observationum erroribus minimis obnoxiae*" und sogar sein Hauptwerk, die „*Disquisitiones Arithmeticae*" - ein wahrer Schatz, an dem ich mich einfach nicht sattsehen konnte.

Die anderen waren schon weitergegangen und ich eilte zur Tür, um sie einzuholen, doch die Tür war verschlossen. Ich rüttelte an der Klinke, klopfte und rief, dass ich noch hier in der Bibliothek sei, man möge mich doch bitte herauslassen, aber erhielt auch auf mehrmaliges Rufen und Klopfen keine Antwort. Offenbar hatte die Stadtführerin übersehen, dass ich, durch die Wendeltreppe verborgen, den Raum noch nicht verlassen hatte, die Türe abgesperrt und dann mit den anderen eilends den Rückweg angetreten. Ich saß in der Falle.

Nach allem, was ich Ihnen von mir erzählt habe, würden Sie sich den Vorschlag, ich solle doch mit meinem Handy Hilfe holen, vermutlich verkneifen. Ich besitze in der Tat keines. So fand ich mich nach dem ersten Schreck schweren Herzens mit meinem Schicksal ab und tröstete mich damit, dass ich die Nacht nicht alleine würde verbringen müssen, sondern eine ganze Bibliothek zu meiner Erbauung zur Verfügung hätte – allerdings nur solange die Sonne noch nicht untergegangen war. Ich verlor keine Zeit und kehrte zu den Werken von Gauß zurück.

Die „Disquisitiones Arithmeticae" sind für mich auch heute noch *das* Lehrbuch der Zahlentheorie. 1801 in lateinischer Sprache veröffentlicht, beginnen sie programmatisch mit den Worten „*Disquisitiones in hoc opere contentae ad eam Matheseos partem pertinent, quae circa numeros integros versantur*" - es geht um Untersuchungen über reine Zahlen. Voller Ehrfurcht nahm ich das Buch aus dem Regal und legte es auf den Tisch, der beinahe den ganzen Raum einnahm. Im Licht der langsam untergehenden Sonne schlug ich es auf, überflog Widmung und Vorwort und blätterte weiter.

Als ich in der Mitte angekommen war, exakt in der Mitte, stockte mir der Atem: In dem großen Buch verborgen lag ein dünnes Büchlein, so groß wie ein DIN A5-Heft, vergilbt und abgegriffen. Es war gerade noch so hell, dass ich beim Durchblättern einige Worte entziffern konnte. Ich musste mich setzen. Das Büchlein, das ich gefunden hatte, war das von mir gesuchte Tagebuch. Zunächst konnte ich keinen klaren Gedanken fassen. Wie war dieses Buch gerade hierher gekommen? Wer hatte es in den „*Disquisitiones*" versteckt?

Es war währenddessen immer dunkler geworden und die Nacht brach nun rasch herein. Jetzt hatte ich Zeit zum Grübeln, denn an Schlaf war nicht zu denken: Durch die großen Fenster fiel nicht nur das Licht des Mondes, sondern auch die Kälte einer Februarnacht, der ich nur trotzen konnte, wenn ich die ganze Zeit über in Bewegung blieb. Also begann ich meine Runden um den Tisch zu ziehen und nachzudenken.

Bald gab ich es auf. Ohne genauere Kenntnis vom Inhalt des Büchleins konnte ich nichts erreichen. Doch damit würde ich bis zum nächsten Tag warten müssen. Bei diesem Gedanken blieb mir beinahe das Herz stehen: Der folgende Tag war ein Sonntag, an dem zwar ebenfalls Stadtführungen angeboten wurden. Was aber wäre, wenn für den Besuch der Sternwarte kein Bedarf bestünde? Dann müsste ich hier bis Montag ausharren. Ich wurde schier verrückt. Zudem wollte die Nacht kein Ende nehmen; ich sah, wenn ich nicht den Tisch umkreisend gegen die Kälte ankämpfte, der langsamen Wanderung des Mondes zu und begrüßte die erste Ahnung eines neuen Tages voller Dankbarkeit. Es wurde heller, die Sonne ging auf, ein neuer Tag brach an und ich wartete. Die Zeit schien stehen zu bleiben; Dalis Bild *„La persistencia de la memoria"* mit seinen zerfließenden Uhren war für mich nicht mehr bloß surrealistisch.

Dann hörte ich Stimmen, die sich näherten, hörte Schlüssel sich in Schlössern drehen und versteckte mich wieder hinter der Wendeltreppe. Die Stimmen wurden leiser – man war im Westflügel -, wurden lauter und dann öffnete sich die Tür zum „Magnetischen Observatorium". Vermummte Gestalten betraten den Raum und ließen sich von der Stadtführerin informieren; dieses Mal passte ich auf, schloss mich rechtzeitig der Gruppe an, verließ unbemerkt mit den anderen den Raum und marschierte schließlich aus der Sternwarte. Unter meinem Steppmantel fiel das kleine Buch nicht weiter auf.

Kapitel 11

„Sie haben's geklaut? Ich fass' es nicht!"

„Mitgenommen. Ich bevorzuge den Begriff „mitgenommen."

„Sie haben's einfach geklaut." Er schüttelte erneut den Kopf. „Steht wenigstens etwas Interessantes drin?"

„Und ob!," erwiderte ich. Ich blätterte kurz und sagte dann: „Hier. Schauen Sie mal!"

Er blickte auf den Text und sah mich verständnislos an. „Ist das Latein?"

„Natürlich", sagte ich. „Die Sprache der Gelehrten. Aber Sie haben Recht, man kann es kaum entziffern. Ich lese es Ihnen mal vor: *Numeri, qui primi vocantur, utrum ratione quadam ac regula sint distributi necne, iamdudum inter doctissimos homines vehementer dubitatur. Eos certum ordinem subsequi alii negant, alii affirmant. Hanc mihi quaestionem hoc opere solvendam suscepi, ita ut utriusque partis argumenta probem, ut recta illam, quam volumus, veritatem consequamur.* Und so weiter."

„Und das heißt?"

„Oh, Sie können kein Latein!"

„Neusprachler", entgegnete er lakonisch. „Und einseitig begabt. Man hat mich in der Schule am Schluss durchgewunken."

„Gewinkt", sagte ich. „Es heißt 'durchgewinkt'. Aber egal. Gauß schreibt: '*Ob die so genannten Primzahlen nach einem bestimmten Muster verteilt sind, wird von den Wissenschaftlern schon lange bezweifelt. Die einen sagen 'ja', die anderen 'nein' dazu, dass sie in einer bestimmten Reihenfolge angeordnet sind. Ich habe mir in diesem Werk die Lösung dieses Problems vorgenommen, und zwar so, dass ich zunächst die Beweise beider Gruppen prüfe, damit wir sicher die erstrebte Wahrheit erlangen können.*' Es ist genau das Thema der 'Riemannschen Vermutung', die Gauß offensichtlich schon ein paar Jahre vorher eingefallen war."

Er sah mich zweifelnd an.

„Doch", sagte ich. „Ich kenne auch den Rest des Textes."

„Sie haben den Text übersetzt? Und der Beweis?", rief er.

„Gauß hat ihn in seinem Text nur skizziert; wahrscheinlich wollte er ihn später ausführen und veröffentlichen. Wenn Sie gut sind, können Sie den Beweis vollenden." Wir sahen uns an. Er nickte langsam.

„Es wird also Zeit, über das Geschäftliche zu sprechen", erwiderte ich. Der plötzliche Wechsel des Themas war ihm nicht recht; er versteifte sich.

„Dazu ist eigentlich schon alles Nötige gesagt worden. Wenn Sie mir den deutschen Text geben, haben Sie Ihren Teil des Geschäfts erledigt. Dann bin ich dran." Er zögerte. „Ich möchte Ihnen nicht zu nahe treten. Sie sind sicher eine prima Historikerin, aber ich glaube, dass Sie mit der mathematischen Seite des Problems doch ein wenig überfordert sind. Und ich bin gut; ich werde es schaffen."

Arroganter Schnösel. Ich schwieg.

„Und wenn ich fertig bin und wir den Beweis veröffentlicht und das Geld kassiert haben, teilen wir es wie gesagt auf: zwei Drittel für mich, der Rest für Sie. Das ist alles."

„Gut. Abgemacht. Ich gebe Ihnen in den nächsten Tagen den deutschen Text. Viel Glück bei der Arbeit!" Ich zögerte. „Einen Gefallen müssen Sie mir noch tun." Er nickte fragend. „Mein Name wird bei der ganzen Angelegenheit nicht genannt. Sie dürfen den ganzen Ruhm für sich beanspruchen. Ich brauche ihn wirklich nicht. Ich möchte auch nicht, dass jemand erfährt, was in Verbania passiert ist oder in Göttingen. Versprochen, Partner?"

„Versprochen. Und danke – Glück kann ich jetzt gebrauchen!", lächelte er. „Was steht eigentlich sonst noch in dem Buch?"

„Betrifft uns nicht. Notizen, Andeutungen, nichts Besonderes," log ich.

„Und bei Riemann? Irgendetwas Interessantes?"

„Auch nicht." Die nächste Lüge.

Ich begleitete ihn zur Tür. Er sagte: „Dann bis bald. Wir hören von einander."

„Ja", sagte ich. „Ich beeile mich. Wirklich."

„Also." Er wandte sich zum Gehen. „Eine Frage noch: Wer hat das Buch eigentlich dort versteckt? Und warum?"

„Keine Ahnung. Irgendjemand." Das war für heute die letzte Lüge. Er würde die Wahrheit noch früh genug erfahren.

Kapitel 12

Ich hielt Wort. Drei Tage später überreichte ich ihm nach meiner Vorlesung („Harmonie und Zahl in der antiken Mathematik") die deutsche Übersetzung des lateinischen Textes von Gauß; nun gut, nicht des ganzen Textes. Er nahm den Umschlag mit einem gewissen ehrfürchtigen Zögern entgegen und bedankte sich. Danach hörte ich wochenlang nichts mehr von ihm; auch sein Stammplatz im Hörsaal blieb verwaist.

Ich war ein wenig enttäuscht darüber gewesen, dass er nicht nach dem Ablauf des Geschehens gefragt hatte, denn ich war recht stolz auf meine Rekonstruktion. Ich hätte ihm Folgendes geantwortet:

„Gauß hat seine Skizze mit dem Beweis Ende 1853 niedergeschrieben. Vermutlich wollte er sie noch überarbeiten, ist aber zuvor – 1855 – gestorben. Riemann wird 1857 Professor in Göttingen. Er kannte den Nachlass von Gauß, aber sicherlich nicht die Schrift aus dem Jahre 1853, da er sonst in seinem Aufsatz 1860 nicht geäußert hätte, ein strenger Beweis sei zu wünschen. 1862 erkrankt er schwer an Tuberkulose und stirbt 1866 in Verbania. Also muss er in der Zeit zwischen 1860 und 1866 die Notizen von Gauß gelesen haben, konnte sie aber nicht mehr zu einem Beweis ausarbeiten." Einige Details wären in diesem Ablauf schon noch zu ergänzen, aber fürs Erste hätte er sich mit dieser Darstellung begnügen müssen.

Und dann saß er eines Tages wieder auf seinem Platz in der ersten Reihe. Er konnte ein stolzes Lächeln nicht unterdrücken, und als ich mich vor lauter Aufregung während der Vorlesung einige Male versprach, grinste er mich wissend an. Nachdem alle anderen den Saal verlassen hatten, kam er auf mich zu und sagte: „Geschafft. Der Beweis steht. Wir haben es geschafft." Um den Hals fallen wollte ich ihm nicht, aber ich schenkte ihm mein dankbarstes Lächeln.

„Wenn Sie wollen, erkläre ich's Ihnen heute Abend!" Und ob ich wollte!

Ich hatte natürlich Sekt kalt gestellt und wir stießen auf unseren Erfolg an. Dann legte er los und führte mir den Beweisgang vor, den Gauß skizziert und er nun ausgeführt hatte. Ich konnte ihm mühelos bis zu einem gewissen Punkt folgen, doch dann sagte ich: „Jetzt wird es mir ein wenig zu kompliziert. Wir sollten, glaube ich, hier Schluss machen. Es wird schon stimmen – ich habe vollstes Vertrauen zu Ihnen."

„Es stimmt. Ich habe alles tausendmal gecheckt."

„Dann lassen wir die Bombe platzen!"

Wir einigten uns darauf, dass ich von meinem Lehrstuhl aus eine Reihe ausgewählter Experten zu dem Vortrag einladen sollte, bei dem er den Beweis vorstellen würde. Natürlich würden auch die Studenten und Dozenten der Fakultät zuhören dürfen, aber entscheidend würden die Spezialisten sein. Ich würde danach die Veröffentlichung des Beweises in die Wege leiten, an deren Beginn seine kritische Prüfung durch eine Reihe von Berichterstattern stehen würde. Bis zur endgültigen Freigabe würden Monate vergehen, aber der Anfang wäre gemacht. Am Ende würde dann auch noch die eine Million Dollar auf uns warten.

Wir legten die Termine fest. Er brauchte noch einige Tage, um seinen Gedankengängen den letzten Schliff zu geben, würde aber in zwei Wochen bereit sein.

„Dann also in zwei Wochen. Seien Sie mir aber bitte nicht böse, wenn ich bei dem Vortrag nicht teilnehme. Ich glaube, das halten meine Nerven nicht aus." Er nickte zustimmend; umso besser - dann würde er alleine im Fokus der Weltöffentlichkeit stehen.

Ich leitete alles wie vereinbart in die Wege. Das Thema des Vortrags war bewusst sehr allgemein gehalten, damit nicht noch irgendwelche Konkurrenten uns zuvorkommen könnten. Unter dem Titel „Einige Bemerkungen zu besonderen Eigenschaften der Primzahlen" konnte man sich ja alles Mögliche vorstellen.

Dann fuhr ich zunächst nach Göttingen. Dort musste ich an sage und schreibe drei Stadtführungen teilnehmen, bis es mir gelang, das Tagebuch von Gauß wieder an seinem Platz im „Magnetischen Observatorium" zu verstecken. Zwar konnte ich es nicht wieder *in* die *„Disquisitiones"* schmuggeln, aber immerhin *neben* sie. Die Stadtführerin sah mich beim dritten Mal mit dem nachdenklich-mitfühlenden Blick an, den man Menschen zu schenken pflegt, an deren geistiger Gesundheit man ernsthafte Zweifel hegt. Ich verstand sie vollauf.

Um den immer drängenderen Fragen meiner Kollegen und der Studenten zu entgehen – die Liste der eingeladenen Koryphäen hatte doch für Aufsehen gesorgt -, tauchte ich drei Tage vor dem Vortrag unter. Alles lief wie am Schnürchen, meine Anwesenheit war nicht mehr erforderlich. Nun konnte ich mich getrost den Dingen widmen, die ich mir vorgenommen hatte.

Dann war der Tag gekommen und es war die erhoffte Sensation. „Deutscher Student löst größtes Rätsel der Menschheit" titelte ein Massenblatt. Bildungspolitiker stimmten Hymnen auf das hiesige Schulsystem an und im Internet überschlugen sich die überschwänglichen Kommentare und Glückwünsche – es war ein einziger Triumph.

Sein Bild, das ihn wie damals Andrew Wiles vor einer mit mathematischen Symbolen vollgekritzelten Tafel zeigte, ging um die Welt. Er war mit einem Schlag eine Berühmtheit geworden. Ich gönnte ihm diese Freude und den Blick vom Gipfel des Ruhms. Sie würde bald vorüber sein und sein Absturz katastrophal: Der Beweis war falsch.

Kapitel 13

Ich gebe zu, es war nicht ganz fair. Ich hatte schon lange gewusst, dass er kein Latein konnte; schließlich hatte ich sein Abiturzeugnis in seinen Unterlagen an der Universität eingesehen. So hätte ich ihm eigentlich schon den gesamten Text von Gauß übersetzen und auch die Notizen von Riemann zeigen sollen. Ihm wäre dann sicher aufgefallen, dass Gauß zwar den Beweis skizziert, aber in dem darauf folgenden Textstück auf den kleinen Fehler in dem Gedankengang und damit die Unkorrektheit des Beweises hingewiesen hatte. Es war nur eine Kleinigkeit, die auch Riemann 1860 übersehen hatte, die aber dem mathematischen Scharfblick von Gauß nicht entgangen war.

Erst nachdem Riemann später den Tagebucheintrag vom 23.11.1853 gelesen hatte, war ihm sein eigener Fehler bewusst geworden. Deshalb hatte er auch seinen eigenen Beweisversuch, den ich in seinen Notizen gefunden hatte, durchgestrichen. Und deshalb standen über dem alphanumerischen Code „BEF7703951" die Worte „In der That ein Irrthum!" - eine bittere Erkenntnis für ein mathematisches Genie, die ich meinem Partner auch unterschlagen hatte. Darin lag wohl auch die Ursache dafür, dass Riemann den Hinweis auf die Fundstelle – das Tagebuch von Gauß – verschlüsselt und das Büchlein selbst in der Sternwarte versteckt hatte: Er wollte nicht, dass jemand anderer Zeuge seines fatalen Fehlers sein sollte.

Ich hatte meinem Partner all diese Zusammenhänge verschwiegen. Seine Motive waren mir nicht lauter genug. Der Beweis war ihm nur Mittel zum Zweck, ihm ging es letztlich nur um Geld und Ansehen; das war weder Riemanns würdig noch des Genies Gauß noch der Mathematik überhaupt.

So hatte ich also an dem Tag, an dem der Beweis der staunenden Fachwelt vorgestellt worden war, in einem Brief, der inhaltsgleich an verschiedene Lehrstuhlinhaber ging, darauf hingewiesen, dass sich meiner Meinung nach (Gauß erwähnte ich an dieser Stelle verständlicherweise nicht) in dem Beweisgang ein Fehler befinde. Sie würden ihn nachvollziehen und mit Freuden über den jungen Mann – und Konkurrenten – herfallen; sie würden ihn genussvoll vernichten.

Kapitel 14

Ich verstaute zu Hause meine eigenen Unterlagen und die Blätter mit Riemanns Notizen in meinem Koffer. Dann bestieg ich den Zug, der mich in die Schweiz brachte, und erreichte nach mehrmaligem Umsteigen schließlich mit dem Bus den kleinen Ort Arosio im Tessin. Ich nahm im dortigen Hotel ein Zimmer. Am Abend breitete ich die Papiere vor mir aus.

Es gibt mathematische Beweise, die sind so schön, dass man darüber weinen könnte (und es manchmal auch tut). Es ist wie bei einer Filmszene oder einem Musikstück, und wenn sie den Schluss von „Love Story" kennen oder das Adagio aus der 7. Symphonie von Anton Bruckner, dann wissen Sie genau, was ich meine.

Es gibt auch Beweise, die nicht zu dieser Kategorie zählen. Der „Sündenfall" war wohl der Beweis des „Vier-Farben-Theorems". Es besagt, dass es möglich ist, eine Landkarte unter den Verwendung von nur vier Farben so einzufärben, dass keine zwei aneinander grenzenden Länder dieselbe Farbe tragen. Bewiesen wurde das Theorem auch unter Zuhilfenahme von Computern, und für mich war das der Anfang vom Ende der Forderung, dass mathematische Beweise elegant und schön sein mussten.

Auch der Beweis des „Großen fermatschen Satzes" durch Andrew Wiles gehört nicht in diese Kategorie. Als ich 1993 von seiner Existenz hörte, war ich wie elektrisiert. Ich besorgte mir sofort die wissenschaftliche Literatur – und war wie vor den Kopf geschlagen. Ich habe großen Respekt vor der Leistung Wiles' und es ging auch nicht darum, dass der Beweis in seiner damaligen Version lückenhaft war, es ging um seine Struktur: Er war einfach nicht schön. Es war, als hätte Michelangelo seinen „David" in einen Marmorblock verwandelt und nicht umgekehrt.

Der Beweis der „Riemannschen Vermutung" hingegen ist schön. Ich weiß es, denn ich habe ihn geführt. Nun, ich möchte mich nicht mit fremden Federn schmücken: Eigentlich gebühren Ruhm und Anerkennung Carl Friedrich Gauß.

Nachdem er nämlich die Fehlerhaftigkeit der anderen Beweisversuche aufgezeigt hatte, deutete er in seinem Tagebucheintrag eine Beweisführung an, die ihrerseits schlüssig war. Als ich seine Worte gelesen hatte, war ich wie elektrisiert: Dieser Beweis setzte kaum mehr als durchschnittliche mathematische Kenntnisse voraus. Jeder Student im zweiten Semester hätte ihn führen können, so einfach, so genial und so schön war er. Ich bin kein mathematisches Genie, aber ich benötigte kaum zwei Stunden dafür. Nun lag er vor mir und es bereitete mir unendliche Genugtuung, seiner Struktur nachzuspüren und seine Harmonie zu genießen.

Am nächsten Morgen erkundigte ich mich nach dem Friedhof. Dort brauchte ich nicht lange zu suchen, um das Grab zu finden. Es war von einer Marmorplatte bedeckt, und ich stellte die Porzellanschale, die ich mitgenommen hatte, darauf. Dann holte ich die Papiere hervor: das, was ich geschrieben hatte, den Beweis der „Riemannschen Vermutung", und die Notizen Riemanns. Ich ordnete die Blätter und zerriss sie zweimal; die kleinen Teile legte ich in die Schale, nahm die Zündhölzer und zündete sie an.

Trocken, wie sie waren, verbrannten sie im Nu, und übrig blieb ein kleines Häufchen schwarzer Ascheflocken. Ein leichter Windstoß trug sie empor. Einige flogen fort, irgendwohin, ein paar aber wurden zum Grabstein geweht und blieben dort liegen, auf den eingemeißelten Buchstaben, die kaum mehr zu entziffern waren:

Friederike Cianferaglia
*1840 † 1933
requiescat in pace

Hinweis in eigener Sache:

Die Handlung der Erzählung sowie die handelnden Personen sind frei erfunden. Einige der genannten Fakten halten jedoch einer Überprüfung stand; wer sich näher mit ihnen beschäftigen möchte, findet hier weitere Informationen:

http://de.wikipedia.org/wiki/Vier-Farben-Satz
http://de.wikipedia.org/wiki/Andrew_Wiles
http://de.wikipedia.org/wiki/Carl_Friedrich_Gauß
http://www.claymath.org/Millennium_Prize_Probl
ems/Riemann_Hypothesis/
http://www.joergresag.privat.t-
online.de/mybk3htm/chap52.htm
http://www.spiegel.de/wissenschaft/mensch/prim
zahlen-beweis-der-abc-vermutung-laesst-
mathematiker-hoffen-a-858043.html
http://de.wikipedia.org/wiki/Bernhard_Riemann
http://de.wikipedia.org/wiki/Riemannsche_Vermu
tung
http://www.uni-goettingen.de/de/sternwarte/
http://webdoc.sub.gwdg.de/ebook/e/2005/gaussc
d/html/kapitel_tagebuch.htm

Informationen zum Bild des Grabsteins von Bernhard Riemann:
„2009 11 riemann 008" von g.rondena - personal

www.ingramcontent.com/pod-product-compliance
Lightning Source LLC
Chambersburg PA
CBHW021443170526
45164CB00001B/369